Le 107ᵐᵉ Projet

DE CHEMIN DE FER

MÉTROPOLITAIN

PAR

P. VILLAIN

« Ni Tunnel, ni Viaduc aérien dans le centre de Paris. »

Extrait des **ANNALES INDUSTRIELLES** du 30 Octobre 1887

PARIS

GRANDE IMPRIMERIE

19, RUE DU CROISSANT, 19

1887

Le 107ᵐᵉ Projet

DE CHEMIN DE FER

MÉTROPOLITAIN

PAR

P. VILLAIN

*« Ni Tunnel, ni Viaduc aérien dans le
centre de Paris. »*

Extrait des **ANNALES INDUSTRIELLES** du 30 Octobre 1887

PARIS

GRANDE IMPRIMERIE
19, RUE DU CROISSANT

1887

AVANT-PROPOS

Encore un projet de Métropolitain, dira-t-on peut-être !
Eh, sans doute, puisque aucun de ceux présentés
jusqu'ici, — projet de tunnel ou projet aérien, — ne
paraît avoir résolu pratiquement le grand problème qui
se pose de jour en jour plus impérieusement pour Paris.

Le projet actuel nous semble avoir un double mérite :
il se dégage de tout parti pris, de toute doctrine tech-
nique ; il se préoccupe, comme ses devanciers, des intérêts
bien entendus de la circulation dans Paris, mais il vise
aussi très directement, — ce que ses devanciers n'ont
pas fait, — les relations de Paris avec son importante
banlieue qui, dans l'espèce, doivent être inséparables
dans toute bonne conception d'un Métropolitain parisien.

L'auteur s'est livré, comme on le verra, à un examen
attentif de ces courants multiples de circulation, non
seulement tels qu'ils sont aujourd'hui, mais tels qu'ils

paraissent devoir se développer dans un avenir même lointain.

Il semble s'être rendu un compte judicieux des besoins qu'un réseau comme celui dont il s'agit est appelé à satisfaire, ainsi que des possibilités techniques et financières d'exécution et d'exploitation.

Dans de semblables conditions nous serions heureux que cette publication devint, pour le projet de M. P. Villain, le point de départ de l'étude complète qu'il ne peut manquer de provoquer, et de la discussion approfondie qu'il sollicite.

A. Cassagnes,
Directeur des Annales Industrielles.

LE MÉTROPOLITAIN

DE PARIS

Le projet de chemin de fer métropolitain que je soumets à l'appréciation des ingénieurs et à l'opinion du public parisien diffère très notablement des projets produits jusqu'à ce jour.

Il vise à la fois à recueillir la plus grande somme de trafic et à effectuer la traversée de Paris le plus près possible du centre, sans emploi ni du trop facile tunnel, qui serait un suicide, ni du viaduc, qui détruirait la meilleure partie des souvenirs historiques et artistiques du passé.

Nulle part de tunnel et pas de viaduc dans le centre de Paris : telle a été la première partie du programme, en apparence paradoxal, que je me suis tracé. J'ai admis ensuite que, en raison du développement considérable d'une partie de la banlieue, il n'était pas possible de la laisser en dehors du rayon d'action du chemin de fer métropolitain.

On verra, par l'exposé qui va suivre, si j'ai rempli le programme.

Le chemin de fer métropolitain se composerait essentiellement de trois lignes circulaires :

La première, traversant Paris suivant le cours de la Seine depuis la porte de Bercy jusqu'à la place de l'Alma, se courbe vers le Nord pour aller, par l'avenue de l'Alma, les Champs-Élysées et l'avenue des Ternes, traverser Neuilly, Levallois-Perret, Clichy, Saint-Ouen, Saint-Denis, Aubervilliers, Pantin, le Pré-Saint-Gervais, les Lilas, Bagnolet, Montreuil, Vincennes, Charenton-le-Pont, et rejoint son point de départ à la porte de Bercy ;

La deuxième, ligne circulaire intérieure, suit, dans son parcours général, le tracé proposé par le gouvernement dans ses divers projets de 1886 et de 1887. On y a seulement apporté certaines modifications tendant à réduire considérablement la longueur des tunnels et à atteindre mieux les voies naturelles de la circulation actuelle. Ces modifications seront indiquées plus loin ;

La troisième ligne circulaire se détache de la première à Neuilly, traverse le bois de Boulogne, contourne le champ de manœuvres de Longchamp et, après avoir traversé la Seine, va se souder, à Suresnes, à la ligne des Moulineaux au Champ-de-Mars, qui forme ainsi notre troisième cercle des voies ferrées métropolitaines.

Le projet comprend en outre deux lignes funiculaires à exécuter immédiatement, et une troisième à exécuter ultérieurement :

La première, de la gare de l'Est au Châtelet ;

La seconde, de la gare Saint-Lazare au collège Chaptal ;

La troisième, de la gare Montparnasse par la rue de Rennes prolongée, à la rue du Louvre.

Enfin, le système des communications dans l'intérieur de Paris est complété, au moyen de raccordements des réseaux des grandes Compagnies avec le réseau métropolitain, par une dernière ligne spécialement réservée au trafic de ces mêmes Compagnies, conduisant à une gare centrale placée immédiatement derrière l'Hôtel-de-Ville, entre la rue de Rivoli et les quais ; et cette dernière ligne se poursuit jusqu'aux Halles et à l'Hôtel des Postes.

Le développement total du réseau est de 68.975 mètres, sans la ligne funiculaire Montparnasse-rue du Louvre, et de 71.052 mètres avec cette ligne.

I

UTILITÉ DU MÉTROPOLITAIN

Tous les projets de chemin de fer métropolitain ont, jusqu'ici, uniquement envisagé Paris, comme si Paris était encore enfermé dans son enceinte bastionnée, sans contact avec la lointaine province, et comme s'il ne donnait pas la vie à une série ininterrompue d'agglomérations en voie d'éclosion rapide à ses portes mêmes, et dont il faut, je crois, dans l'intérêt même de Paris, assurer le développement.

A-t-on fait la remarque que ces villes en formation, faubourgs de Paris dans un avenir probablement peu éloigné, représentent un chiffre de population supérieur à celui des anciens faubourgs de Paris au moment de leur annexion en 1860 ? Si, de Boulogne, vous contournez Paris vers le Nord et l'Est, vous rencontrerez dix villes de 20 à 50.000 habitants ; et si vous additionnez à ces chiffres les habitants des communes intermédiaires, vous trouvez que 450.000 habitants se pressent le long de l'enceinte bastionnée de Paris, sur la rive droite de la Seine ou immédiatement dans la vallée. Or, en 1860, les huit arrondissements annexés n'avaient qu'une population de 326.027 habitants.

Le chemin de fer de la banlieue a donc aujourd'hui la même raison d'être, il est aussi nécessaire qu'a pu l'être le chemin de fer de ceinture en 1860.

On pourrait, en s'appuyant sur la statistique des derniers recensements de la population, montrer que c'est un intérêt vital pour Paris, de lier plus intimement, par des voies de communication économiques et rapides, la vie de ces agglomérations à sa propre vie. Que lit-on dans les derniers recensements ? Que la population reste à peu près stationnaire dans les arrondissements excentriques, ou, du moins, que sa puissance d'expansion diminue rapidement, et qu'elle est en décroissance dans les arrondissements du centre. Si l'on consulte la statistique de la banlieue, on voit les villes dépourvues ou insuffisamment pourvues de chemins de fer ralentir leur mouvement ascensionnel, et les villes mieux dessservies au point de vue des communications gagner au contraire sur leurs voisines. Le tableau suivant où l'on a groupé, suivant le voisinage, les villes de caractères analogues, montrera la justesse de l'observation :

	ACCROISSEMENT PAR AN		
	1860-1876	1876-1881	1881-1886
Boulogne, Neuilly, Levallois et Clichy..........................	8.29 0/0	5.45 0/0	2.70 0/0
Saint-Ouen, Saint-Denis, Aubervilliers et Pantin.............	11.84 0/0	6.67 0/0	2.60 0/0
Vincennes, Montreuil et Charenton...........................	10.43 0/0	5.11 0/0	2.45 0/0
Asnières......................	22.39 0/0	7.50 0/0	6.81 0/0

Desservi par un chemin de fer dont la gare pénètre le plus avant dans le centre de Paris, Asnières continue de s'accroître rapidement ; il en est de même de Colombes, de Houilles, de Maisons-Laffitte, d'Argenteuil, etc.

On peut entrevoir, dans un avenir probablement prochain, l'incorporation à Paris de Boulogne, Neuilly, Levallois, Clichy, Saint-Ouen, Pantin, Vincennes, etc., mais il s'écoulera certainement de longues années avant que le mur d'octroi soit reporté au delà de la Seine, jusqu'à Asnières et Colombes. L'intérêt de Paris, son intérêt immédiat, est de faciliter le peuplement des régions qu'il est appelé le plus tôt à absorber.

Mais c'en est assez pour montrer l'utilité et la nécessité de la ligne de banlieue.

II

TRACÉS DES DIVERSES LIGNES

Ligne de circulation extérieure et de pénétration dans Paris. — Le parcours de cette ligne a été indiqué sommairement plus haut. Elle sort de Paris à la porte des Ternes, après avoir passé en tunnel sous le chemin de fer de ceinture ; elle suit en tranchée l'avenue du Roule et le boulevard Inkermann, contourne Levallois-Perret à l'Ouest, traverse Clichy dans son milieu, s'élève sur un remblai, traverse sur un viaduc l'extrémité de la gare des Docks, franchit, également en viaduc, la place de la mairie à Saint-Ouen, s'infléchit sur la gauche de la route de la Révolte, qu'elle suit en remblai et qu'elle coupe par un pont biais à 500 mètres avant Saint-Denis ; elle continue de s'infléchir sur la droite, coupe perpendiculairement la route Nationale n° 1, en avant du pont en reconstruction sur le canal, longe celui-ci sur environ 600 mètres, jusqu'au coude qu'il fait pour remonter vers Paris, le traverse en ce point et s'abaisse ensuite pour aller passer sous la ligne de Soissons et se mettre en tranchée dans la traversée d'Aubervilliers ; après la route Nationale n° 2, elle se relève en remblai jusque vers le pied de la colline du Pré-Saint-Gervais, qu'elle franchit à la cote 68 par un tunnel de 1.590 mètres, dans la première masse du banc de gypse ; au sortir du tunnel elle ne tarde pas à être de nouveau en remblai : elle traverse ainsi Montreuil et une partie de Vincennes, franchit sur un pont biais le chemin de fer de Vincennes et l'avenue Aubert, pénètre dans le bois, contourne à l'Ouest le lac de Saint-Mandé sur un viaduc en maçonnerie légèrement courbe, profite du relèvement du sol pour pénétrer en tranchée et franchir ainsi le reste du bois ; elle arrive à Charenton après avoir contourné à l'Est les anciennes carrières de pierres à bâtir, reconnues à l'extrémité du lac Daumesnil ; elle traverse Charenton, d'abord en tranchée à ciel ouvert, puis en tranchée couverte sur une longueur de 370 mètres, touche la gare de Charenton-le-Pont, suit latéralement, en viaduc, la ligne de Lyon qu'elle traverse à la hauteur de la rue de l'Église pour descendre en tranchée d'abord, puis en remblai jusqu'au bord de la Seine, qu'elle côtoie sur un viaduc jusqu'à la porte de Bercy, où elle passe à niveau au dessous du chemin de fer de ceinture.

Ayant ainsi pénétré dans Paris la ligne s'établit de nouveau en viaduc sur colonnes en avant du nouveau quai, sur la berge de la Seine ; elle se relève pour franchir à 5^{m},50 et 6 mètres au-dessus de leurs tabliers les ponts de Tolbiac, de Bercy et d'Austerlitz ; arrivée en ce point, elle s'infléchit légèrement à droite, épouse la courbe de la ligne circulaire intérieure venue de la place Valhubert par un viaduc en aval du pont d'Austerlitz ; elle traverse ensuite cette ligne, franchit le canal Saint-Martin et le boulevard Bourdon ; s'engage dans l'axe de la partie du boulevard Morland qui aboutit au boulevard Henri IV ; la ligne s'infléchit suivant la pente du sol jusqu'à la rue Saint-Paul ; à partir de ce point, elle pénètre, suivant une ligne droite, dans les propriétés comprises entre la rue de l'Ave-Maria et la place Baudoyer. Le sol, qui s'est abaissé depuis le pont d'Austerlitz, se relève progressivement et permet la pénétration rapide de la voie en tranchée. Arrivée à la place Baudoyer elle se courbe vers la gauche, passe en tranchée couverte entre l'église Saint-Gervais et la caserne Napoléon, puis entre l'Hôtel-de-Ville et la caserne de la Garde républicaine et arrive enfin, place de l'Hôtel-de-Ville, au débouché du pont d'Arcole.

C'est à partir de ce point que j'adopte le mode de passage qui, comme je l'ai dit en commençant, n'est ni le viaduc, ni le tunnel, et j'aurais dû ajouter ni le passage à niveau. Ce n'est

ni le viaduc ni le passage à niveau, car on ne voit pas la voie ;
ce n'est pas le tunnel, car la voie est largement aérée et très
suffisamment éclairée.

Notre ligne vient de parcourir en dernier lieu 300 mètres en
tranchée couverte, de la place Baudoyer au pont d'Arcole ;
nous sommes sous la chaussée du quai dont nous longeons le
mur. Si l'on pratique, de distance en distance, des jours dans
ce mur au-dessus du niveau connu des plus hautes eaux, on aura
le passage d'une voie couverte établie dans les meilleures conditions d'éclairage et d'aération ; et c'est là précisément le passage idéal, à mon sens, pour un chemin de fer dans le centre de
Paris, à proximité de la rue de Rivoli, suivant l'artère principale de la circulation.

Nous suivons ainsi la Seine entre le mur de quai, à gauche,
et l'égout collecteur à droite et à notre niveau ; nous passons
en vue de Notre-Dame et du Palais-de-Justice, à côté de la co-
lonnade de Perrault et du Louvre de Louis XIV et de François Ier,
sans gâter la perspective de ces chefs-d'œuvre de l'art français,
sans laisser soupçonner notre passage.

Nous continuons ainsi jusqu'à la place de la Concorde, d'où
nous gagnons l'allée de gauche du Cours-la-Reine où nous
nous établissons en tranchée à ciel ouvert jusqu'à l'avenue de
l'Alma, que nous gravissons, toujours en tranchée à ciel ouvert.
Arrivés à l'avenue des Champs-Élysées, nous traversons en tunnel jusqu'au rond-point du boulevard Courcelles et de
l'avenue des Ternes, fermant ainsi le cercle de notre première
ligne, celle de circulation extérieure et de pénétration dans
Paris.

Ligne circulaire intérieure. — Nous avons touché
notre ligne circulaire intérieure près du pont d'Austerlitz.
Reprenons-la en ce point. Elle franchit la Seine à 6^m,50, au-
dessus du niveau du quai, remonte le boulevard de l'Hôpital
en viaduc, s'établit sur le côté gauche des boulevards Saint-
Marcel et Arago, descend en tranchée à ciel ouvert à partir de
la rue de la Glacière, passe à la place Denfert devant la gare de
Sceaux, reprend en ce point le tracé du précédent projet du
gouvernement jusqu'en face de la gare Montparnasse, le quitte
de nouveau pour continuer le long des boulevards Montpar-

nasse et des Invalides jusqu'au débouché de l'avenue Duquesne dont je propose l'achèvement. Nous passons à l'Ecole militaire. Entre l'Ecole militaire et l'avenue Rapp, utilisant l'infléchissement du sol, nous nous relevons sur remblai, avec mur de soutènement, qui longe le Champ-de-Mars; nous contournons les nouvelles constructions contiguës au jardin de la Ville de Paris et traversons la Seine en face de l'extrémité Est du square du Trocadéro; nous passons sous l'avenue et la place d'Iéna, suivons en tranchée à ciel ouvert la rue Pierre-Charron jusqu'à l'avenue de l'Alma où nous nous confondons avec la ligne extérieure jusqu'au boulevard de Courcelles. De ce point jusqu'au boulevard Magenta, nous reprenons l'ancien tracé du gouvernement.

Au lieu de descendre le boulevard Magenta par un long tunnel qui se prêtait, d'ailleurs, difficilement aux raccordements avec les lignes du Nord et de l'Est, nous poursuivons notre tracé dans l'axe du boulevard de la Chapelle jusqu'un peu avant la rue de Maubeuge où nous appuyons vers la droite pour passer obliquement au-dessous des voies de la gare du Nord. La tranchée couverte se poursuit sous le carrefour Saint-Denis-La Fayette et sous quelques immeubles entre les rues de Dunkerque et d'Alsace; et, après un parcours total de 810 mètres en tranchée couverte, nous nous relevons à $5^m,50$ au-dessus du niveau de la gare de l'Est que nous franchissons perpendiculairement; nous continuons en viaduc vers le faubourg Saint-Martin et l'impasse Boutron que nous traversons pour gagner le canal Saint-Martin à la hauteur de la rue des Récollets. La descente le long du canal, la traversée de la place de la Bastille et enfin le retour au pont d'Austerlitz se devinent aisément.

Ligne du Bois de Boulogne. — La ligne du Bois de Boulogne se détache, au boulevard Inkermann à Neuilly, de la ligne circulaire extérieure; elle est en tranchée, passe devant l'entrée principale du Jardin d'Acclimatation, longe, sous bois, les allées de Longchamp et de la Reine Marguerite, passant ainsi à proximité de la porte de Madrid, du Pré Catelan, des Lacs et de la Cascade, sort, vers la porte de Boulogne, en viaduc, contourne, par une courbe gracieuse, le champ de manœuvre de Longchamp, se rapproche de l'entrée des tribunes de l'hippodrome, tourne à gauche, traverse la Seine et va se souder, dans la direction de Saint-Cloud, à la ligne du Champ-de-Mars à Puteaux.

Lignes funiculaires. — Il me semble superflu de décrire les lignes funiculaires de la gare de l'Est au Châtelet et de la gare Saint-Lazare au collège Chaptal. Cette dernière pourrait partir du sous-sol de la gare, se maintenir en tranchée couverte jusqu'au pont de l'Europe, après lequel elle se relèverait en tranchée aérée et éclairée sous les jardins et le bassin qui bordent la gare. Quant à la première, je n'hésite pas à proposer de l'établir en viaduc aérien ; mais je subirais l'obligation de la placer en tunnel.

Quelque parti que l'on adopte, avec le système funiculaire on évitera les inconvénients de la fumée et du supplément de trépidation que comporterait l'emploi de la locomotive.

Gare centrale. — La ligne allant à la place Baudoyer, aux Halles et à l'Hôtel des Postes, uniquement destinée aux transports des marchandises et des wagons de l'Administration des Postes serait entièrement souterraine. Elle passerait au-dessous de l'égout collecteur du boulevard Sébastopol.

La gare centrale de Paris serait établie sur le modèle de la nouvelle gare aux messageries de la Compagnie de l'Ouest, à cette différence près que ce serait la voie qui dominerait la salle des manutentions.

Une autre gare aux marchandises est prévue sur le canal Saint-Martin entre la rue du Faubourg-du-Temple et l'avenue de la République.

Dépôts, magasins et ateliers du Métropolitain. — Enfin, pour le service spécial du Métropolitain, j'ai prévu une remise de locomotives avec dépôt de charbon sur l'emplacement du passage Boutron, au canal Saint-Martin ; deux remises de matériel, avec dépôt de charbon, à Charenton-le-Pont et à Suresnes, sur le bord de la Seine ; et enfin une gare générale sur le bord du canal, à Saint-Denis, avec magasins, remises et ateliers de réparations. L'installation de ces divers dépôts, au bord du canal et de la Seine, permettrait l'approvisionnement de la Compagnie dans les conditions d'économie les plus favorables.

Raccordements avec les grandes Compagnies. — Pour compléter cette description déjà bien longue, il est nécessaire d'indiquer brièvement les raccordements avec les Compagnies. La Compagnie de l'Ouest et le chemin de fer de ceinture sont touchés en quatre points : au boulevard des Batignolles, à Clichy-Levallois, à l'avenue des Ternes et à la porte de Bercy. Je propose la création de deux nouvelles gares sur les deux points ci-dessus du chemin de fer de ceinture. Je propose, en outre, deux raccordements qui s'établiront, de la manière la plus satisfaisante, au boulevard des Batignolles et à la gare de Clichy-Levallois. La Compagnie de l'Ouest a une clientèle assez considérable de voyageurs destinés au Métropolitain ; et le Métropolitain lui en apportera, d'autre part, un supplément assez important pour expliquer cette étendue de surfaces de contact.

Le raccordement avec la Compagnie du Nord se fera de la manière la plus heureuse sous le seuil même de la gare à Paris. A la Compagnie de l'Est, le problème est plus difficile. Le raccordement ne pourra avoir lieu que par une pente de 0,016, coïncidant avec une courbe ; mais j'ai prévu un autre raccordement, plus normal et plus facile, avec la ligne circulaire extérieure, à Pantin. Un autre raccordement, dans d'excellentes conditions, avec la ligne extérieure, sera obtenu, à la gare de Charenton-le-Pont, par la Compagnie de Lyon qui pourra, d'ailleurs, en avoir un autre, dans Paris même, par la rue de Bercy et le boulevard Diderot. Le chemin de fer d'Orléans aura un raccordement également facile à la place Valhubert, au moyen d'une ligne qu'il élèvera latéralement à ses quais d'arrivée et qu'il conduira le long de sa gare des messageries.

A la gare du chemin de fer de Sceaux et à la gare Montparnasse, nous restons dans les conditions de l'ancien projet gouvernemental. Les raccordements prévus nous ont semblé bien onéreux et bien difficiles pour l'utilité que l'on avait en vue, une fois la circulation des voyageurs assurée. On peut les faire, cela suffit, d'autant plus qu'ils seraient à la charge des Compagnies intéressées. A la gare du chemin de fer de Vincennes, la place de la Bastille, il y aurait simplement une passerelle réunissant à niveau, au-dessus de la rue de Lyon, les quais des deux gares.

III

CONSTRUCTION

Je suis obligé, pour ne pas dépasser les bornes de cette description sommaire, de passer rapidement sur les détails de la construction. J'ai dit que je n'avais voulu admettre, dans l'intérieur du Paris historique et artistique, ni tunnel ni viaduc aérien. Si j'ai continué de condamner le tunnel partout, sauf bien entendu, dans un petit nombre de cas exceptionnels, où il était impossible d'y échapper, et sur de faibles parcours, j'ai, au contraire, eu recours, dans des proportions relativement grandes, au viaduc aérien toutes les fois que je n'avais pas à ménager des perspectives intéressantes. Le canal Saint-Martin, les boulevards de l'Hôpital, Saint-Marcel et Arago, les quais de la Râpée et de Bercy m'ont semblé ne pas devoir souffrir notablement de la présence d'un viaduc, et j'ai admis le viaduc sur colonnes, comme le porte-voie du plus sûr et du plus économique établissement. Dans d'autres cas, au bois de Boulogne, par exemple, et au bois de Vincennes, je n'ai pas hésité à prévoir une dépense très sensiblement plus considérable pour l'établissement de viaducs en maçonnerie d'une architecture aussi assortie que possible au milieu.

Je ne crois pas devoir entrer dans le détail des travaux d'art; pour cela, il me faudrait arrêter le lecteur à chaque rue, à chaque passage. On pourrait presque dire, avec vérité, que le chemin de fer métropolitain, notamment dans son parcours à travers Paris, est une série ininterrompue de travaux d'art.

Je me borne donc à l'énumération suivante :

La ligne circulaire intérieure, d'un parcours de 18.640 mètres, serait établie :

En tranchée à ciel ouvert, avec murs de soutènement, sur	9.480	mètres.
En viaduc sur colonnes, sur	6.505	—
En remblai avec murs de soutènement, sur	680	—
En voie à niveau, mais sans entraves à la circulation, sur	420	—
En tranchée couverte, sur	715	—
En tunnel, sur	840	—
Total du parcours	18.640	mètres.

Cette ligne comporterait 28 gares ; elle entraînerait la construction de deux ponts sur la Seine ; de 14 ouvrages sous les places ou carrefours de voies publiques, d'une longueur de 50 à 180 mètres ; de huit ponts sous des boulevards ou avenues d'une largeur moyenne de 40 mètres, et de vingt-sept ponts sous des rues en moyenne de 12 mètres ; soit un total de travaux d'art supplémentaires de 2.430 mètres.

La portion de la ligne de circulation extérieure et de pénétration dans Paris, qui est comprise entre les portes de Bercy et des Ternes, serait construite ainsi :

Viaduc sur colonnes...............................	3.430	mètres.
Voie à niveau sans interruption de passage.......	320	—
Tranchée à ciel ouvert avec murs de soutènement.	2.190	—
Passage couvert, éclairé et aéré.................	2.430	—
Tranchée couverte...............................	950	—
Tunnel..	420	—
Il convient d'ajouter la portion de voie commune avec la ligne circulaire intérieure comptée ci-dessus	910	—
Total du parcours dans Paris......	10.650	mètres.

Le parcours de cette ligne, dans la banlieue, se subdivise, au point de vue de la construction, de la manière suivante :

Tranchée ordinaire de construction normale.	6.545
Remblai ordinaire de construction normale.	8.325
Voie à niveau ordinaire de construction normale....................................	3.740

Avec interruption de la circulation sur 980 mètres seulement, et établissement de deux passages à niveau :

Viaduc sur colonnes	2.320		
Tranchée avec murs de soutènement.......	2.720		
Viaduc en maçonnerie.....................	320		
Tunnel..................................	2.100		
Tranchée couverte.....................	580		
Total du parcours dans la banlieue........	26.650	26.650	—
Total du parcours de la ligne circulaire extérieure.		37.300	mètres.

Les travaux d'art comprennent, outre les viaducs déjà énumérés, 69 ponts ou ponteceaux sur ou sous les voies publiques, les voies ferrés, les canaux de Saint-Denis et de l'Ourcq, d'une longueur totale de 1.282 mètres. — Je rappelle pour mémoire les deux tunnels sous le chemin de fer de l'Ouest, à Clichy, et sous la butte du Pré-Saint-Gervais.

La ligne du Bois de Boulogne est ainsi construite :

Tranchée avec murs de soutènement............	850	mètres.
Tranchée ordinaire, de construction normale......	3.640	—
Viaduc en maçonnerie.........................	745	—
Remblai......................................	895	—
Remblais et déblais compensés..................	535	—
Pont sur la Seine..............................	200	—
Total du parcours..................	6.865	mètres.

Les ouvrages d'art, outre le pont sur la Seine, sont prévus, au nombre de 56, sous deux boulevards à Neuilly, 6 boulevards ou grandes allées, 12 allées ordinaires, deux ruisseaux et 30 sentiers dans le bois de Boulogne.

En résumé, les trois grands cercles de lignes ferrées qui constituent essentiellement le projet de chemin de fer métropolitain que j'ai décrit seraient construits :

A ciel ouvert, sur........................	53.860	mètres.
En passage couvert, éclairé et aéré, sur..........	2.430	—
En tranchée couverte ou en tunnel, sur.........	5.605	—

ce qui donne comme proportion de l'emploi du tunnel, 8.93 0/0 qui n'a rien que de normal et d'admissible pour un chemin de fer urbain, alors surtout que le chiffre total du parcours en tunnel est fourni pour près d'un tiers par un accident naturel de terrain, la colline du Pré-Saint-Gervais, qu'il n'eût été possible, dans aucun cas, de franchir différemment. Le plus long tunnel dans Paris n'excède pas une longueur de 850 mètres ; et l'on est assuré que l'aération naturelle sera suffisante.

Au point de vue de la construction proprement dite, on s'est attaché, autant que le comportaient les conditions mêmes du terrain, à réduire les pentes et les rampes et à allonger le rayon des courbes.

Les alignements droits figurent pour............	43.928	mètres.
Le développement des courbes est de............	20.917	—

La ligne de circulation intérieure a une seule courbe d'un rayon de 150 mètres sur 270 mètres de parcours ; elle en a 2 du rayon de 175 et 24 de rayons de 200 à 300.

La courbe la plus réduite de la ligne extérieure a un rayon de 180 mètres. Cette ligne a 19 autres courbes de 200 à 300.

La ligne du Bois de Boulogne a vers ses deux extrémités, à Neuilly et à Suresnes, trois courbes de 150 à proximité de gares et en palier.

Quant aux pentes et rampes, la limite extrême invariablement admise a été de 0.016. Ces déclivités ne se produisent que quatre fois en tout, deux fois sur la ligne de circulation intérieure, sur 870 mètres, et deux fois sur la ligne extérieure pendant 920 mètres.

Les pentes et rampes de 0.015 à 0.010 se produisent 18 fois : pendant 3.000 mètres sur la ligne circulaire intérieure, 4.080 mètres sur la ligne de circulation extérieure et 1.070 sur la ligne des Halles. Les déclivités de 0.01 à 0.005 figurent pour 17.225 mètres. Les déclivités inférieures à 0.005 et les paliers règnent sur 37.680 mètres.

IV

EXPLOITATION

Je n'aurais donné qu'une idée incomplète du projet de chemin de fer Métropolitain tel que je le conçois, si je n'indiquais pas sommairement d'après quel mode spécial j'entrevois sa future exploitation.

Gare centrale. — Il est clair, tout d'abord, que la gare centrale de Paris sera exclusivement réservée au service des voyageurs et des messageries ou transports à grande vitesse. Les grandes Compagnies pourront y former et en expédier leurs trains express et en général tous les trains-poste. Elles y recevront avec les voyageurs leurs bagages, cela va sans dire, et en outre les colis destinés à circuler en grande vitesse. Le chemin de fer métropolitain jouira de la gare centrale pour la réception et l'expédition des messageries en provenance ou à destination de la banlieue.

Je dois faire observer que, pour faire rendre à la gare centrale les services qu'on en doit légitimement attendre, il est nécessaire d'en empêcher l'encombrement, et pour cela, le concessionnaire devra, par l'acte de concession, être armé du droit de transporter obligatoirement à domicile tous colis aussitôt leur arrivée. A une surface restreinte, comme l'est nécessairement celle d'une gare centrale dans Paris, il faut donner toute son utilisation.

Le fonctionnement de la gare à marchandises du canal Saint-Martin serait analogue.

Mais ce n'est que le côté en quelque sorte accessoire de l'exploitation du Métropolitain, dont le rôle sera essentiellement de transporter des voyageurs.

Constitution des trains. — Le Métropolitain doit être un vaste omnibus rapide. Je propose d'y adapter le mode d'exploitation du Métropolitain de New-York, qui est admirable de simplicité. Les voitures seront à circulation centrale avec plateformes aux extrémités ; elles comprendront 48 ou 50 places assises et un nombre indéfini de places debout. Les trains seront formés de 3 ou 4 voitures, pour transporter normalement 250 voyageurs et pour en recevoir 300 à certaines heures de la journée. L'embarquement des voyageurs se fera à l'une des plate-formes ; le débarquement à l'autre. Quelques secondes y suffiront ; le voyageur n'aura point à chercher pendant de longues minutes le compartiment à sa convenance ; il se casera à sa guise, pendant la marche du train, qui économisera sur les arrêts et gagnera en vitesse. Le train pourra avec des arrêts tous les 900 ou 1.000 mètres maintenir aisément une vitesse normale de 28 à 30 kilomètres, avec d'autant plus de facilité qu'il aura été allégé d'une proportion plus considérable de poids mort.

Le parcours le plus long de nos trois cercles de voie ferrée est de 37.300 mètres. La circulation normale doit s'effectuer en 1 heure 20 minutes au maximum, entre le départ et le retour au même point ; et le parcours le plus long pour le voyageur aura lieu dans la moitié de ce temps, car il se dirigera toujours dans le sens du parcours le moins long. Si l'on admet le parcours normal d'un kilomètre en deux minutes, en chiffres ronds, la moyenne du parcours de deux kilomètres à deux kilomètres et demi s'effectuera en 5 minutes, et le parcours de 5 kilomètres en 10 minutes, c'est-à-dire en un temps quatre fois ou quatre fois et demie moins long que par les omnibus ou les tramways.

Tarifs de transports. — Le tarif des transports serait uniforme : 25 centimes dans Paris; 25 centimes dans la banlieue. Le voyageur prend un billet au guichet, le remet au contrôleur en pénétrant dans la salle d'attente; à partir de ce moment, il est libre de circuler autant qu'il veut, de prendre aux embranchements, autant qu'il le veut, les trains en circulation. Aucun autre contrôle que celui de la police générale des trains et des gares n'est exercé sur lui.

Le voyageur qui veut aller de Paris dans la banlieue, ou inversement, paye double taxe et reçoit un billet à talon. Il donne au départ la première partie du billet et l'autre au contrôleur de la station de la barrière. Les conducteurs sont uniquement préposés à la police du train, de manière à assurer l'embarquement et le débarquement des voyageurs le plus promptement possible.

Il n'est pas inutile de dire que dans l'intérêt des travailleurs, il serait distribué aux heures matinales des billets d'aller et retour à demi-tarif, valables pendant des heures déterminées de la soirée.

V

DÉPENSES ET RECETTES

Je suis obligé de glisser rapidement sur chaque détail. Je tiens à dire que, pour les évaluations qui vont suivre, j'ai fait appel aux lumières de toutes les personnes compétentes. Je puis, en particulier, nommer ici l'un de mes meilleurs conseils, dont les lecteurs des *Annales Industrielles* connaissent la compétence indiscutable et la haute probité scientifique, M. l'ingénieur Foy, qui a bien voulu calculer les prix d'unités de toute la construction en fer; les terrassements et la maçonnerie ont été évalués par M. Dufresne, ingénieur, auquel je dois aussi beaucoup de reconnaissance et qui veut bien s'asso-

cier à moi pour poursuivre l'étude des multiples questions sou-
levées par un projet aussi considérable. Les expropriations
dans la banlieue ont été évaluées par les architectes et agents-
voyers de toutes les communes, sauf une seule; celles dans
Paris ont été calculées avec la ferme volonté de ne laisser la
porte ouverte à aucun mécompte. Je ferai, je l'espère, la con-
viction dans l'esprit du lecteur en disant que pour contrôler
les chiffres d'évaluation auxquels j'étais arrivé, j'en ai comparé
les principaux, ceux qui avaient trait au passage de la qua-
druple voie au boulevard Bourdon et à la création de la gare
centrale dans le quartier des Célestins, et j'ai constaté que mes
chiffres étaient précisément ceux que, dans les derniers projets
du gouvernement, on avait prévus pour l'achèvement de la
rue Réaumur, entre le boulevard Sébastopol et la Bourse,
dans le quartier le plus commerçant de Paris. Le gouvernement estimait, selon toute apparence, cette opération au-
dessous de la dépense probable. Je m'expose, je l'espère, au
reproche contraire. Enfin les prévisions pour travaux de con-
solidation sur les catacombes, qui donnent lieu, bien à tort, à
tant d'appréhensions dans le public, ont été établies d'après
les indications les plus autorisées et, par surcroît de prévoyance,
j'en ai doublé le chiffre.

Prix d'unités. — Les prix principaux qui ont servi à établir le devis d'ensemble sont les suivants :

Tranchée à ciel ouvert avec murs de soutènement, les rails étant
    supposés à une profondeur moyenne de 6^m,50 au-dessous du sol,
    par mètre courant...................................... 1.465 fr.
Tranchée couverte dans les mêmes conditions............ 2.000
Viaduc sur colonnes, par mètre courant................. 1.300
Viaduc en maçonnerie.................................. 2.500
Tunnels de moins de 1.000 mètres...................... 1.500

Les trois ponts sur la Seine, deux à Paris et un à Suresnes,
ont été évalués, en chiffres ronds, à 3.000.000 de francs.

La dépense de construction et d'aménagement des gares, y
compris le mobilier, a été comptée, en général, à 60.000 francs,
sauf quatre le long des quais à 150.000 francs. Dans la banlieue
on a prévu, pour chacune des treize communes traversées, une

gare à voyageurs et messageries, et en outre quatorze gares à voyageurs intermédiaires, dont quatre au bois de Boulogne et une à l'hippodrome de Longchamp. Les premières ont été évaluées à 150.000 francs ; les secondes à 60.000 francs. Les gares du bois de Boulogne ont été estimées au même prix que celles de Paris.

On a prévu, pour les grandes gares, le terrain non compris :

Pour la gare centrale de la place Baudoyer......	7.000.000
Pour la gare du canal Saint-Martin.............	5.000.000
Pour la gare générale de Saint-Denis...........	4.000.000

Évaluation de la dépense totale. — En appliquant les prix de base ci-dessus indiqués, la dépense de construction des trois lignes circulaires, avec leurs gares, le matériel roulant et généralement tous leurs accessoires, serait, y compris les frais d'études et de personnel et une double réserve de 10 0/0 pour l'imprévue et de 12 0/0 pour l'intérêt du capital pendant la construction :

Pour la ligne circulaire intérieure	66.283.756 fr.
Pour la ligne circulaire extérieure	85.777.568
Pour la ligne du Bois de Boulogne	12.151.770
Formant un total de........	164.213.094 fr.

Ce chiffre se décompose ainsi :

Expropriations dans Paris............	20.356.000	33.236.000 fr.
— dans la banlieue......	12.900.000	
Infrastructure, y compris frais d'études et de personnel...		77.784.850
Superstructure...................................		16.079.500
Matériel...		6.189.500
Imprévu, 10 0/0		13.328.985
Intérêt du capital, 12 0/0........................		17.594.259
Total égal............................		164.213.094 fr.

Le parcours des trois lignes étant de 61.895 mètres le prix de revient par kilomètre est de 2.654.000 francs.

La dépense afférente à Paris est de 100.732.385 fr., et le prix kilométrique de 3.549.000 francs. La dépense est, pour la banlieue, de 63.480.709 francs et le prix kilométrique de 1.891.000

francs. Mais il y a lieu de remarquer, d'une part, que le coût de la ligne de la banlieue est majoré au prix de la gare générale de Saint-Denis, et, d'autre part, qu'elle a à supporter des dépenses d'expropriations proportionnellement plus considérables.

On n'a pas évalué les lignes funiculaires. On ne pourrait le faire avec exactitude que si le mode d'installation qui reste en suspens, était arrêté définitivement. Nous prévoirons à toute éventualité, pour les deux lignes du boulevard Sébastopol et de la gare Saint-Lazare, une somme de 5 millions; et le total des prévisions pour l'exécution de l'ensemble du chemin de fer métropolitain sera, en chiffres ronds, de 169 millions.

On fait un compte spécial des dépenses de la gare centrale, de la gare du canal Saint-Martin, et de la ligne spéciale des grandes Compagnies entre le boulevard Morland, les Halles et l'Hôtel des Postes. Le chiffre des prévisions, y compris les terrains, la construction et une réserve de 22 0/0 pour imprévu et intérêts pendant la construction est de 57.135.848 francs.

L'exécution du programme qui vient d'être tracé coûterait ainsi 226 millions en chiffres ronds; et l'on voudra bien remarquer que plus du quart de cette somme est affecté, dans l'intérêt du public et des grandes Compagnies beaucoup plus que dans celui du Métropolitain, à l'amélioration du service des chemins de fer existants.

On pourra s'étonner que les prévisions pour le matériel n'aient été portées qu'à 100.000 francs par kilomètre, quand on les a vu figurer pour 250.000 francs dans les divers projets du gouvernement. Voici ma réponse : J'ai prévu des locomotives de 22 à 23 tonnes du prix de 25.000 francs; des wagons de 14 tonnes à 18.000 francs. J'ai supposé les diverses lignes couvertes de trains espacés à cinq minutes et formés comme il a été dit plus haut. J'ai supposé une réserve de matériel supplémentaire de 50 0/0 et j'ai attribué au matériel destiné au transport des messageries le quart de la valeur de celui des voyageurs. Tous ces chiffres additionnés m'ont donné une somme inférieure à la prévision admise de 100.000 francs par kilomètre.

Evaluation du revenu. — Pour évaluer le revenu d'un chemin de fer, il faut se demander avant tout si, dans son par-

cours, il suit bien les courants de la circulation et, en outre,
si, par son mode de construction et la commodité de son service, il est appelé à bénéficier de la faveur publique. A ce tri-
ple point de vue les lignes que j'ai tracées semblent se prêter à
une exploitation lucrative.

On admettra que la ligne circulaire intérieure, dégagée des
tunnels dans lesquels on l'avait enfermée, rapprochée des
grandes voies de circulation sur la rive gauche et aux Champs-
Elysées, conservera les 3 millions de voyageurs par kilomètre
qui lui avaient été attribués dans tous les calculs auxquels elle
avait été soumise.

Nous n'attribuons qu'un million de voyageurs par kilomètre
aux lignes de la banlieue quand des lignes placées dans des
conditions analogues, et même moins favorables à certains
points de vue, comme celles de Vincennes et d'Auteuil, en
transportent normalement le double.

Nous supposons enfin que dans la traversée de Paris, des
Champs-Elysées à la porte de Bercy, le prolongement de la
ligne extérieure aura 3.000.000 de voyageurs par kilomètre.

En résumant ces évaluations nous obtenons :

<pre>
                                                              voyageurs
Pour la ligne circulaire intérieure....................   55.920.000
Pour la ligne de circulation extérieure dans sa traversée
   de Paris...   31.950.000
Pour la ligne du Bois de Boulogne et pour la ligne cir-
   culaire extérieure dans sa traversée de la banlieue...   33.500.000
   (dont un tiers effectuant le parcours intérieur et
   extérieur et acquittant double taxe).
Les deux voies funiculaires d'un développement de
   3.225 mètres sont également évaluées à trois millions
   de voyageurs par kilomètre...........................   9.675.000
Le nombre des voyageurs transportés par le Métropo-
   litain serait ainsi de...............................   131.045.000

produisant, à raison de 25 centimes par voyageur,
   une recette de........................... fr.   32.761.000
A cette recette il y a lieu d'ajouter le produit de la
   double taxe que nous avons supposé devoir être
   acquittée par un tiers des voyageurs des lignes de la
   banlieue, 11.100.000 × 0.25...........................   2.775.000
   Total du produit des voyageurs........... fr.   35.536.000
</pre>

qui n'a rien que d'admissible si l'on veut bien remarquer que le tracé adopté se confond avec tous les grands courants de circulation dans Paris et dans la banlieue, y compris les bois de Boulogne et de Vincennes et les principaux champs de courses et lieux de réunion : Tuileries, Champs-Elysées, Champ-de-Mars, etc. On ne compte que pour mémoire le produit du transport des messageries qui pourra cependant avoir une réelle importance.

Nous prévoyons que les frais d'exploitation seront au maximum de 50 0/0 de la recette brute, et que l'entreprise réalisera un bénéfice de 17.500.000 francs en chiffres ronds.

La dépense a été prévue plus haut à 226 millions exigeant pour la rémunération du capital, à 5 0/0, 11.300.000 francs.

Il est légitime d'attendre des Compagnies, pour prix des installations dont elles bénéficieront et pour l'usage des voies du Métropolitain, une redevance annuelle qui ne peut pas être évaluée à moins de cinq millions.

On voit, sans qu'il soit nécessaire d'insister, que le projet, tel qu'il a été conçu et développé, soutient l'examen, qu'on l'envisage au point de vue de son tracé, au point de vue de sa construction, au point de vue de son exploitation ou au point de vue de ses recettes.

Je le soumets, tel qu'il est, avec confiance à l'appréciation des hommes spéciaux et des pouvoirs publics ainsi qu'au jugement de l'opinion.

P. VILLAIN.

CHEMIN DE FER MÉTROPOLITAIN DE PARIS.
Projet de M.M. P. Villain et L. Dufresne.

Gare souterraine du Châtelet éclairée par des jours latéraux pris sur
la Seine au-dessus du Niveau des plus hautes eaux

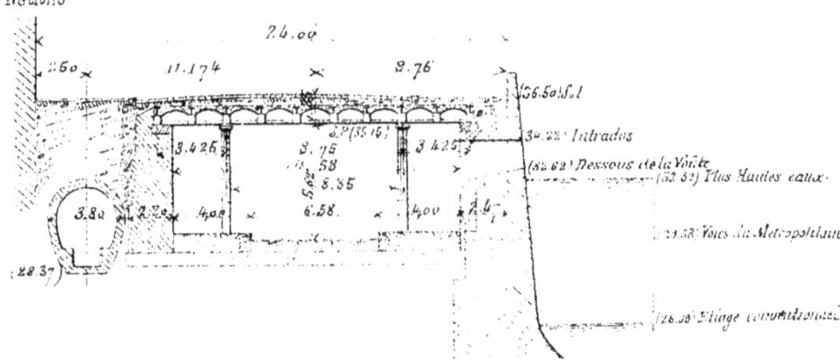

Passage en tranchée couverte
entre la pile du Pont Royal et l'Egoût Collecteur

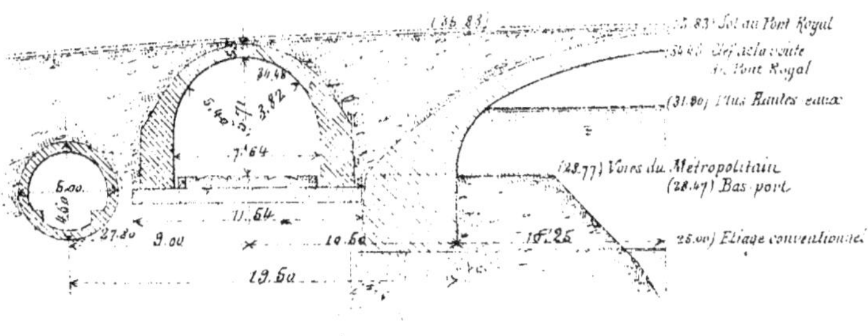

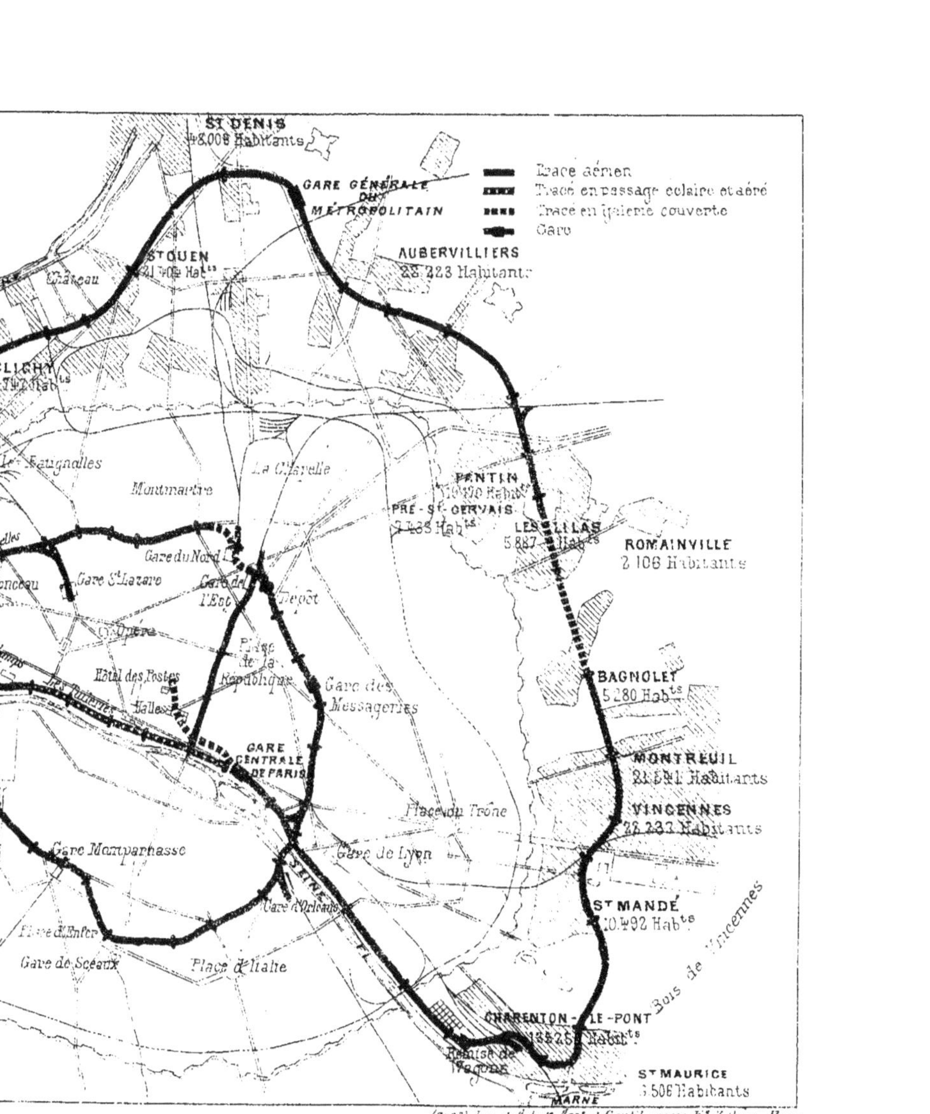
ST DENIS
48.008 Habitants
GARE GÉNÉRALE DU MÉTROPOLITAIN
Tracé aérien
Tracé en passage éclairé et aéré
Tracé en galerie couverte
Gare
ST OUEN
AUBERVILLIERS
28.223 Habitants
Château
CLICHY
Les Baugnolles
La Chapelle
Montmartre
PANTIN
PRÉ - ST - GERVAIS
LES LILAS
5.887 Habts
ROMAINVILLE
2.106 Habitants
Gare du Nord
Gare St Lazare
Monceau
Gare de l'Est
Dépôt
l'Opéra
Hôtel des Postes
Place de la République
Gare des Messageries
Halles
BAGNOLET
5.280 Habts
GARE CENTRALE DE PARIS
MONTREUIL
VINCENNES
28.233 Habitants
Place du Trône
Gare Montparnasse
Gare de Lyon
SEINE
Gare d'Orléans
St MANDÉ
10.492 Habts
Place d'Enfer
Gare de Sceaux
Place d'Italie
Bois de Vincennes
CHARENTON - LE - PONT
St MAURICE
5.506 Habitants
MARNE

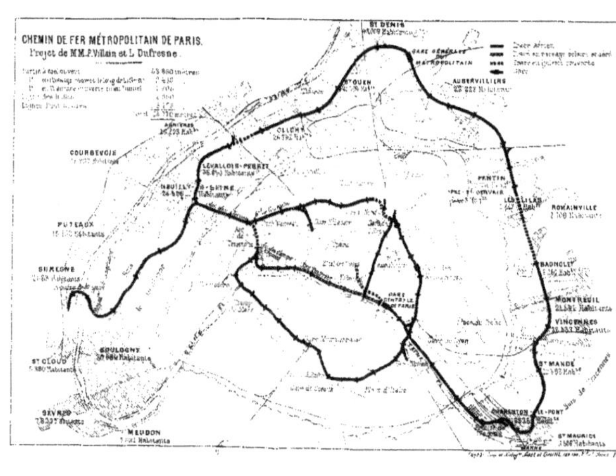

CHEMIN DE FER MÉTROPOLITAIN DE PARIS.
Projet de MM. P. Villain et L. Dufresne.
ST DENIS
GARE GÉNÉRALE
MÉTROPOLITAIN
ST OUEN
AUBERVILLIERS
CLICHY
COURBEVOIE
ASNIÈRES
LEVALLOIS-PERRET
PANTIN
NEUILLY-S-SEINE
LILAS
ROMAINVILLE
PUTEAUX
BAGNOLET
SURESNES
MONTREUIL
VINCENNES
BOULOGNE
ST CLOUD
ST MANDÉ
SÈVRES
CHARENTON-LE-PONT
MEUDON
ST MAURICE
GARE CENTRALE DE PARIS

OUVRAGES DU MÊME AUTEUR

Manuel de l'Opérateur au Tachéomètre, suivi d'une note sur l'application des tracés. (Ouvrage honoré d'une importante souscription de M. le Ministre des Travaux publics.)

Des produits hydrauliques. *Analyse de la Chimie appliquée à l'art de l'Ingénieur*, par M. Ch. Léon Durand-Claye, Ingénieur en chef des Ponts et Chaussées, directeur du laboratoire de l'École. (En cours de publication. — *Annales des Travaux publics*, années 1885, 86 et 87.)

Données positives sur les produits hydrauliques, dans l'hypothèse des expansifs. (Note.)

Note sur le dosage pratique et rationnel des mortiers ; accompagnée d'un graphique.

Résumé d'une théorie de la solidification et de la désagrégation des gangues hydrauliques immergées, fondée sur la Théorie mécanique de la chaleur et la statique chimique de M. Berthelot. — Accord entre les faits observés et la théorie ; considérations diverses suivies d'une note sur l'emploi de l'aiguille d'enfoncement à poids variable.

Voir : *Procédés et matériaux de construction*, par M. Debauve, Ingénieur en chef des Ponts et Chaussées.

Études nouvelles sur les produits hydrauliques, résumant quatre années d'études théoriques et pratiques sur la matière ; précédées de considérations sommaires sur l'Énergie, sa conservation et ses transformations ; la thermochimie, les réactions et les équilibres chimiques, etc. *(Paraîtront prochainement.)*

www.ingramcontent.com/pod-product-compliance
Lightning Source LLC
LaVergne TN
LVHW021700170726
843501LV00007B/2653